二十四节气 冬

安城娜 主编

编绘制作

赵春秀 靳学涛 卞兰芝 李 想

安杰民 刘小纯 刘 景 靳学斌

金盾出版社

内容提要

二十四节气是中国古代劳动人民通过观测太阳运动规律，结合长期的劳动经验，认识一年中时令、气候、物候变化所形成的知识体系，是我国宝贵的非物质文化遗产。本书以故事为背景，将冬季的立冬、小雪、大雪、冬至、小寒、大寒六个节气有关的天文气象、动植物、七十二候、农事安排、民俗文化、古诗谚语等知识呈现出来，引导孩子跟随二十四节气的脚步观察自然界的变化，领略中国传统节气文化的魅力。

图书在版编目(CIP)数据

二十四节气·冬 / 安城娜主编. —北京 ：金盾出版社，2019.1
（中华传统文化瑰宝）
ISBN 978-7-5186-1551-3

Ⅰ. ①二… Ⅱ. ①安… Ⅲ. ①二十四节气—儿童读物 Ⅳ. ①P462-49

中国版本图书馆CIP数据核字(2018)第249734号

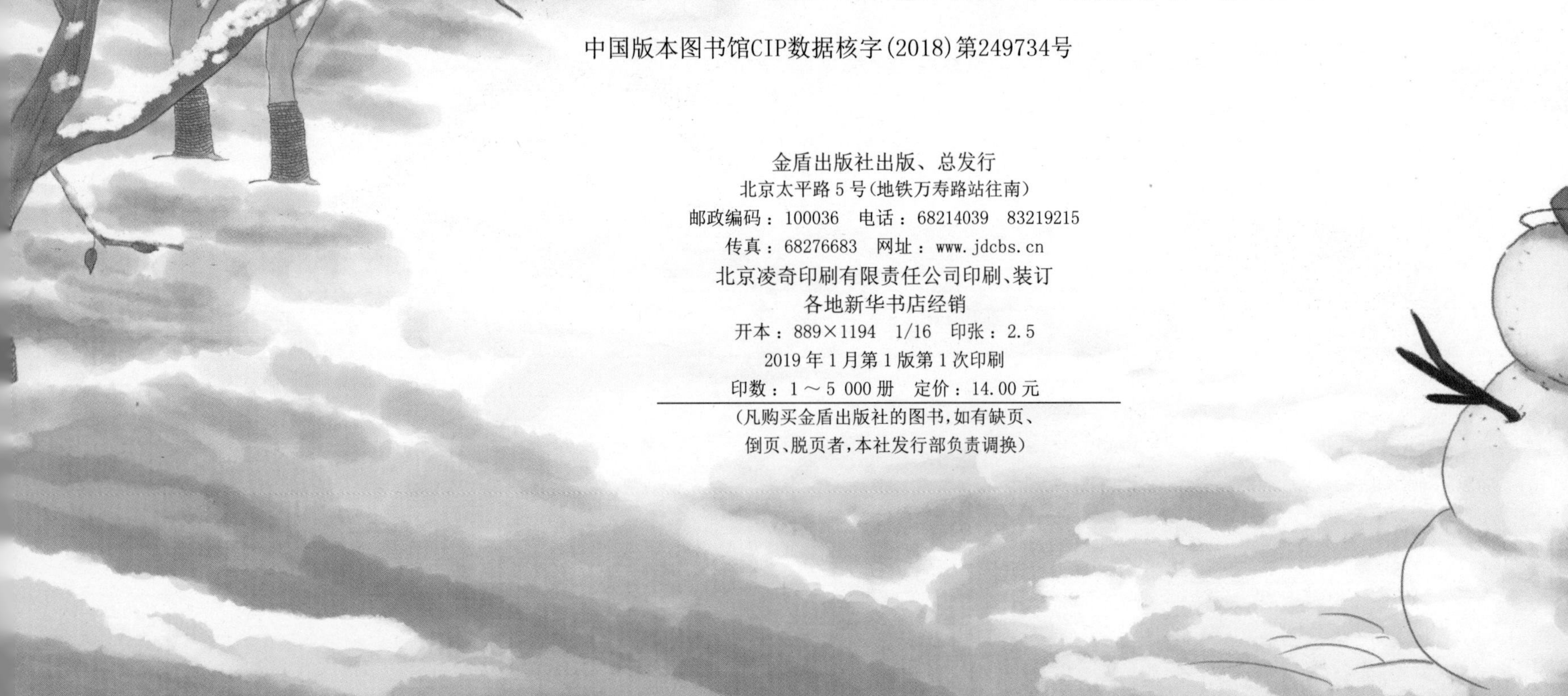

金盾出版社出版、总发行
北京太平路 5 号(地铁万寿路站往南)
邮政编码：100036 电话：68214039 83219215
传真：68276683 网址：www.jdcbs.cn
北京凌奇印刷有限责任公司印刷、装订
各地新华书店经销
开本：889×1194 1/16 印张：2.5
2019 年 1 月第 1 版第 1 次印刷
印数：1～5 000 册 定价：14.00 元

立冬

立冬即事二首（其一）

宋·仇远

凄风浩荡散茶烟，
小雨霏微湿座毡。
肯信今年寒信早，
老夫布褐未装绵。

tiān qì yuè lái yuè lěng wài pó bǎ báo mián ǎo ná chū lái gěi tè tè hé fēi fēi chuān shàng
天气越来越冷，外婆把薄棉袄拿出来给特特和菲菲穿上。

zhēn nuǎn huo fēi fēi kāi xīn de shuō
“真暖和！”菲菲开心地说。

shì ya chuān zhe mián ǎo chū qù wán jiù bù lěng la tè tè shuō
“是呀，穿着棉袄出去玩就不冷啦！”特特说。

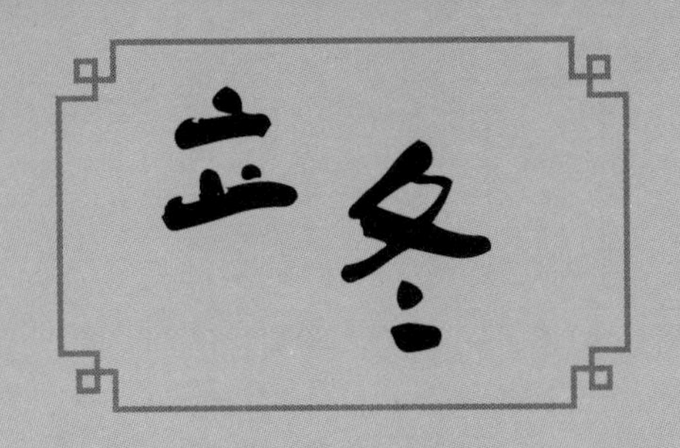

立冬，时间在 11 月 7 日～8 日左右。立，建立、开始的意思，表示冬季自此开始。冬，是终了的意思，也有农作物收割后要收藏起来、动物们躲藏起来冬眠的意思。

※ 记录 ※

请你记录下今年立冬的时间和气温。

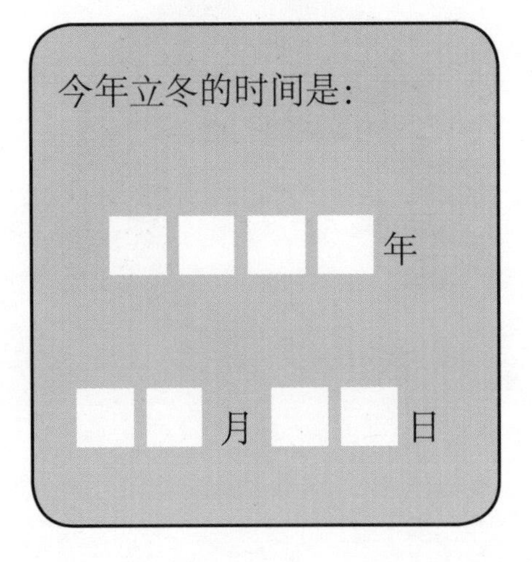

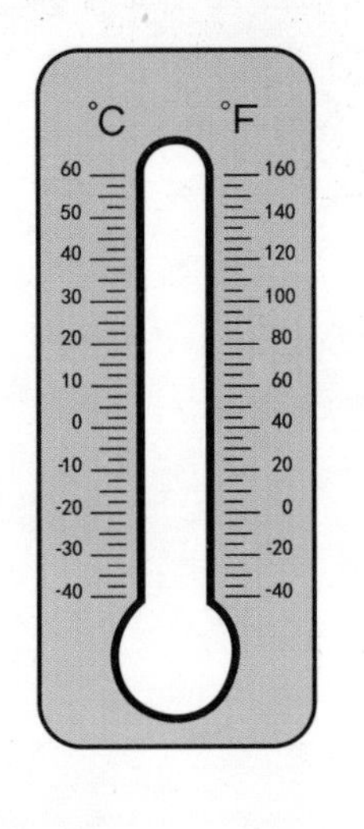

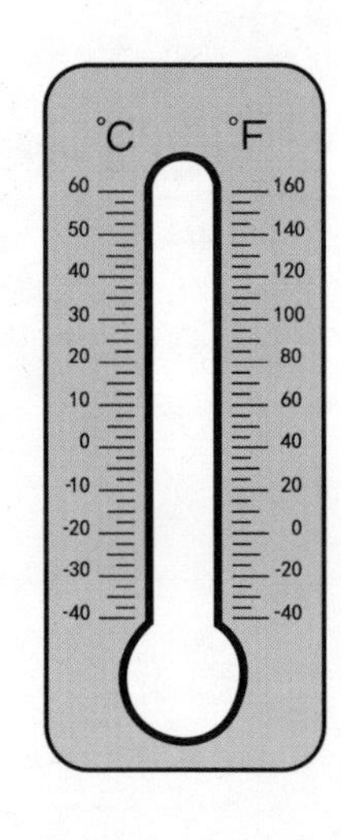

最高气温:____℃　最低气温:____℃

※ 南北温差大 ※

我国幅员辽阔，南北纵跨数十个纬度，因而存在南北温差。立冬之后南北温差更加拉大，北方的许多地区已是万物凋零、寒气逼人，而南方大部分地区仍是青山绿水、鸟语花香。

※ 谚语 ※

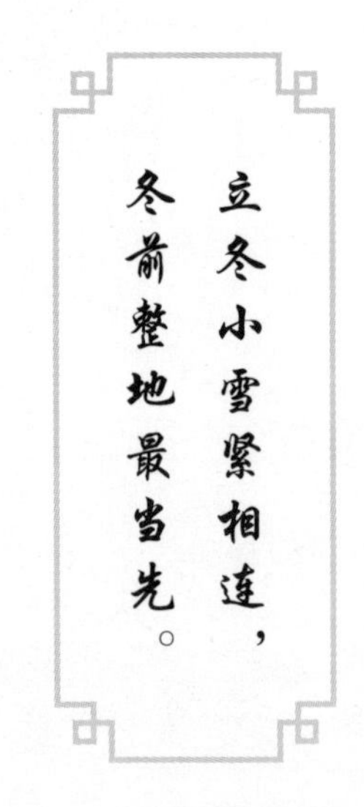

特特和菲菲在外面玩耍的时候看到一只小狗。
“哥哥，小狗不穿棉袄会冷吗？”菲菲问。
“不会，小狗身上有毛，在寒冷到来之前它们还会换上厚厚的皮毛御寒。”特特说，“小猫、羊、牛、马等这些动物也是一样，它们的毛也会变厚。”

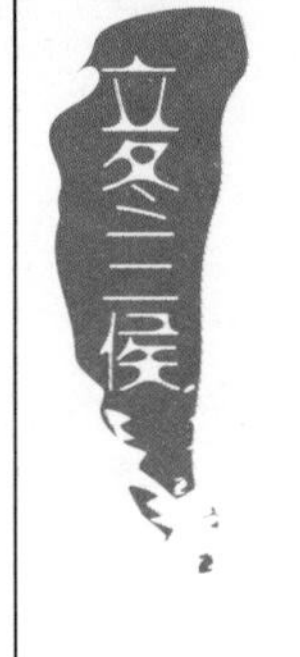

初候，水始冰

二候，地始冻

三候，雉入大水为蜃

※ 初候：水始冰 ※

北方地区的水面开始结冰，但结的冰还不太坚硬。

※ 二候：地始冻 ※

大地土壤中的水分也会冻结，所以，土地也冻得硬硬的。

※ 三候：雉（zhì）入大水为蜃（shèn）※

雉，指野鸡。蜃，指大蛤蜊。立冬后，野鸡不多见了，而海边却可以看到外壳与野鸡羽毛颜色相似的大蛤蜊，古人便认为立冬后野鸡就变成大蛤蜊了。

bàng wǎn tiān kōng piāo qǐ le xiǎo xuě huā qì wēn míng xiǎn yòu jiàng dī le wài
傍晚，天空飘起了小雪花，气温明显又降低了。外
pó bāo le yī guō pái gǔ tāng gěi tè tè hé fēi fēi měi rén chéng le yī wǎn tā shuō
婆煲了一锅排骨汤给特特和菲菲每人盛了一碗，她说：
kuài hē ba hē le pái gǔ tāng jiù nuǎn huo la
“快喝吧，喝了排骨汤就暖和啦！”

hǎo xiāng a fēi fēi cháng le yī kǒu shuō dào
“好香啊！”菲菲尝了一口说道。

wài pó nín yě kuài hē ba děng wài gōng huí lái de shí hou gěi tā yě hē yī
“外婆您也快喝吧！等外公回来的时候给他也喝一
wǎn tè tè dǒng shì de shuō dào
碗。”特特懂事地说道。

※ 节气农事 ※

立冬以后，我国北方地区万物凋零、大地封冻，农林作物进入越冬期，而南方却正处在繁忙的秋收冬种的时期。

※ 补冬 ※

立冬以后，冬季正式来临，在这天民间有补冬的习俗。在寒冷的天气，应该多吃一些温热补益的食物，如炖羊肉、煲鸡汤等，这样不仅能使身体更强壮，还可以起到很好的御寒作用。

小雪

小雪

唐·李咸用

散漫阴风里，
天涯不可收。
压松犹未得，
扑石暂能留。
阁静萦吟思，
途长拂旅愁。
崆峒山北面，
早想玉成丘。

sú huà shuō xiǎo xuě bù qǐ cài jiù yào shòu dòng hài chèn zhe tiān qì hǎo tè tè hé fēi fēi gēn zhe wài gōng hé wài pó lái dào cài dì li
俗话说：“小雪不起菜，就要受冻害。”趁着天气好，特特和菲菲跟着外公和外婆来到菜地里

shōu bái cài wài gōng hé wài pó fù zé yòng dāo kǎn cài tè tè hé fēi fēi fù zé bǎ kǎn xià lái de bái cài zhuāng dào sān lún chē shang bù yī huìr de gōng
收白菜。外公和外婆负责用刀砍菜，特特和菲菲负责把砍下来的白菜装到三轮车上。不一会儿的工

fu tā men jiù shōu huò le mǎn mǎn yī chē bái cài
夫，他们就收获了满满一车白菜。

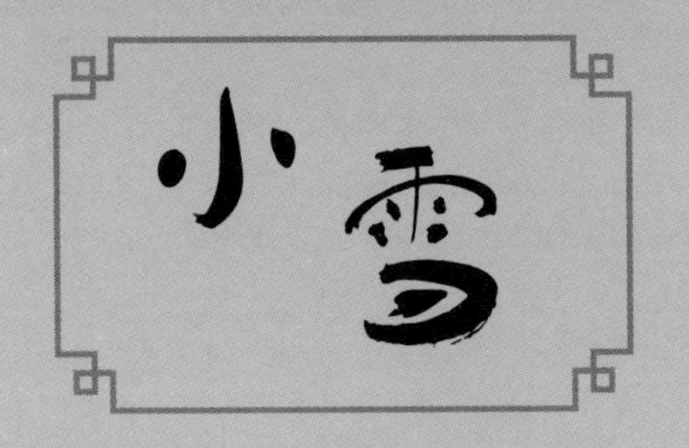

小雪节气，时间在每年11月22日～23日左右。进入小雪节气后，我国大部分地区开始盛行西北风，气温逐渐降到0℃以下开始降雪，但雪量不大，所以，叫小雪。

※ 记录 ※

请你记录下今年小雪的时间和气温。

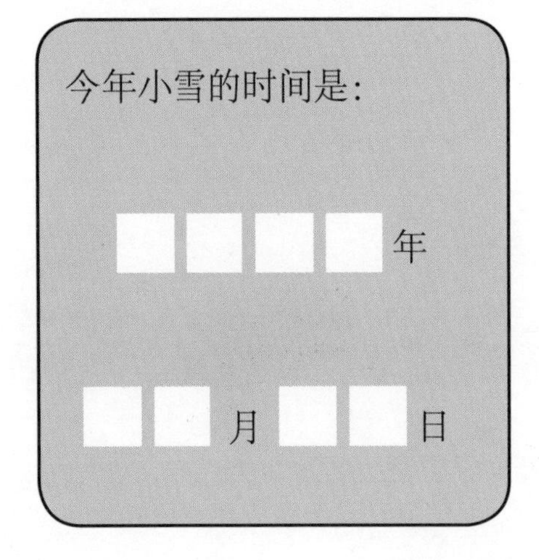

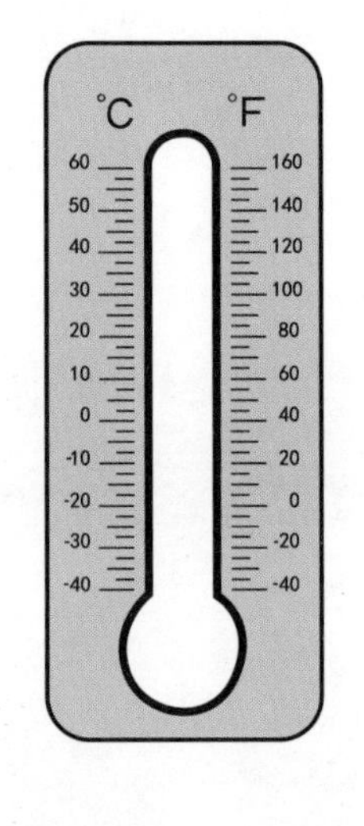

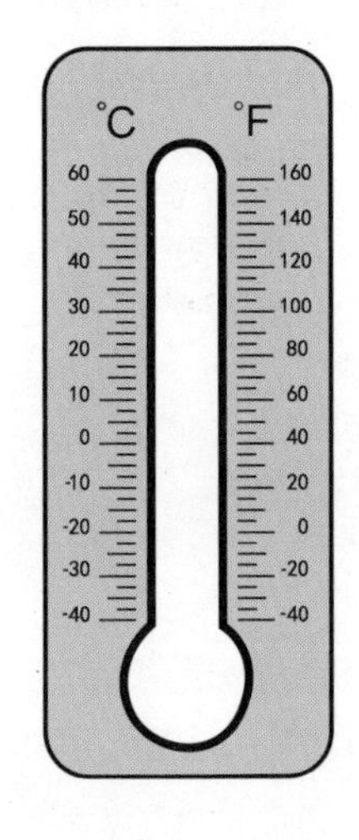

最高气温:____℃　最低气温:____℃

※ 小雪地封严 ※

俗话说“小雪地封严”。刚进入小雪节气时，北方地区的土地已经冻结了一小层，东北地区的土地冻结的深度已达10厘米左右，往后每天差不多会多冻结1厘米，到节气末差不多会冻结一米左右。

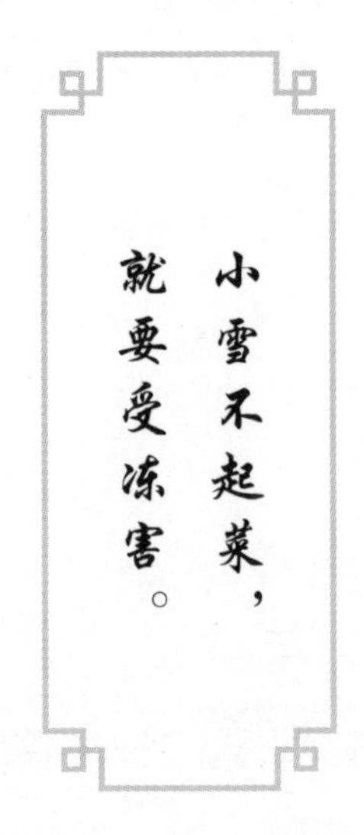

tiān qì yuè lái yuè lěng le wài gōng kǎn le yī xiē mù chái mǎi lái yī xiē méi tàn zài cǎi nuǎn lú li shēng qǐ le huǒ méi guò duō jiǔ tè
天气越来越冷了，外公砍了一些木柴，买来一些煤炭，在采暖炉里生起了火。没过多久，特
tè hé fēi fēi jiù jué de wū zi li nuǎn huo le tā men tuō xià mián yī zài wū zi li yòu bèng yòu tiào kāi xīn jí le
特和菲菲就觉得屋子里暖和了，他们脱下棉衣，在屋子里又蹦又跳，开心极了。

小雪三候

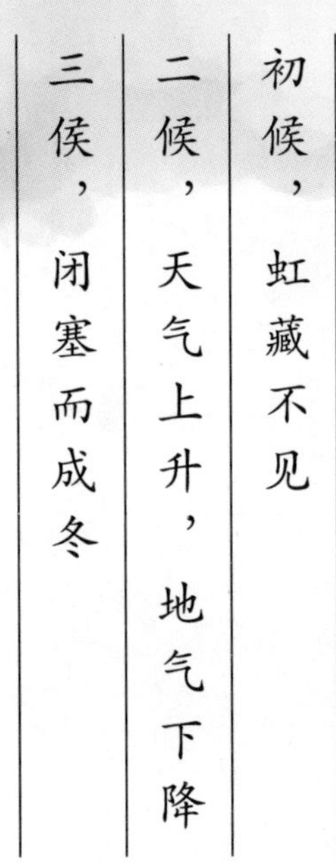

初候，虹藏不见

二候，天气上升，地气下降

三候，闭塞而成冬

※ 虹藏不见 ※

小雪节气以后就很难见到彩虹了。

※ 天气上升，地气下降 ※

古人认为小雪以后“天气上升，地气下降”，天地各正其位，不交不通。

※ 闭塞而成冬 ※

“天气上升，地气下降”导致天地闭塞，从而进入严寒的冬天。

jīn tiān tiān qì yīn lěng wài pó jué dìng chī shuàn yáng ròu ràng hái

今天天气阴冷，外婆决定吃涮羊肉，让孩

zi men nuǎn huo qǐ lái

子们暖和起来。

tè tè hé fēi fēi yī tīng shuō yào chī shuàn yáng ròu kāi xīn de bù

特特和菲菲一听说要吃涮羊肉开心地不

dé liǎo tā men qiǎng zhe bāng wài pó xǐ cài duān wǎn dié wài gōng zài

得了，他们抢着帮外婆洗菜、端碗碟。外公在

zhuō shang jià qǐ le tóng guō děng guō li de shuǐ gū du gū du de

桌上架起了铜锅，等锅里的水“咕嘟咕嘟”地

kāi le zhī hòu jiù kě yǐ kāi shǐ shuàn yáng ròu chī la

开了之后就可以开始涮羊肉吃啦！

※ 贮藏蔬菜 ※

农民们收获的白菜、萝卜、红薯等蔬菜会放进地窖里储藏起来，既可以保鲜又能防止冻坏。

※ 果树剪枝 ※

冬天，果农会给果树修剪枝条，让一些强枝更好地吸收营养生长，并用草绳捆绑包裹树干以防果树受冻。

※ 腌菜 ※

俗话说“小雪腌菜，大雪腌肉”。过去受条件所限，冬天新鲜蔬菜很少，因此，大家习惯在小雪前后腌菜。小雪腌菜的习俗由来已久，这时候气温急剧下降，比较适合腌制咸菜，以备在冬天新鲜蔬菜减少时食用。

大雪

夜雪

唐·白居易

已讶衾枕冷，

复见窗户明。

夜深知雪重，

时闻折竹声。

xià xuě le　é máo bān de dà xuě piāo piāo sǎ sǎ de cóng tiān kōng piāo

下雪了，鹅毛般的大雪飘飘洒洒地从天空飘

luò xià lái　bù yī huìr　de gōng fu shù shang bái le　wū dǐng bái le　dì shang

落下来，不一会儿的工夫树上白了，屋顶白了，地上

yě bái le

也白了。

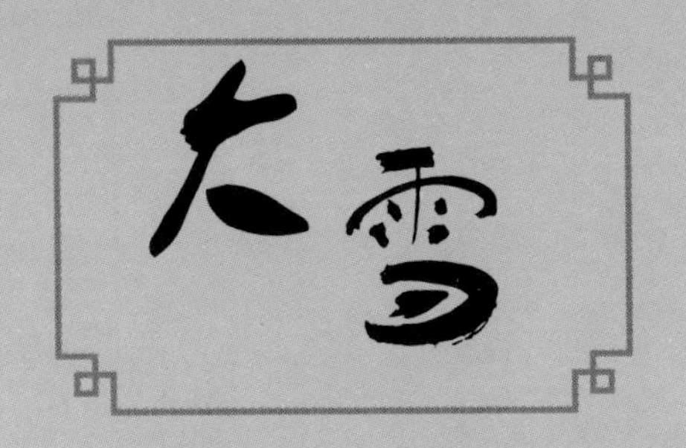

大雪，时间在12月6日～8日左右。在大雪节气前后，我国大部分地区的最低温度都降到了0℃或以下，易出现大雪或暴雪天气。大雪是反映降水的天气，意思是天气更冷，降雪的可能性比小雪节气更大了。

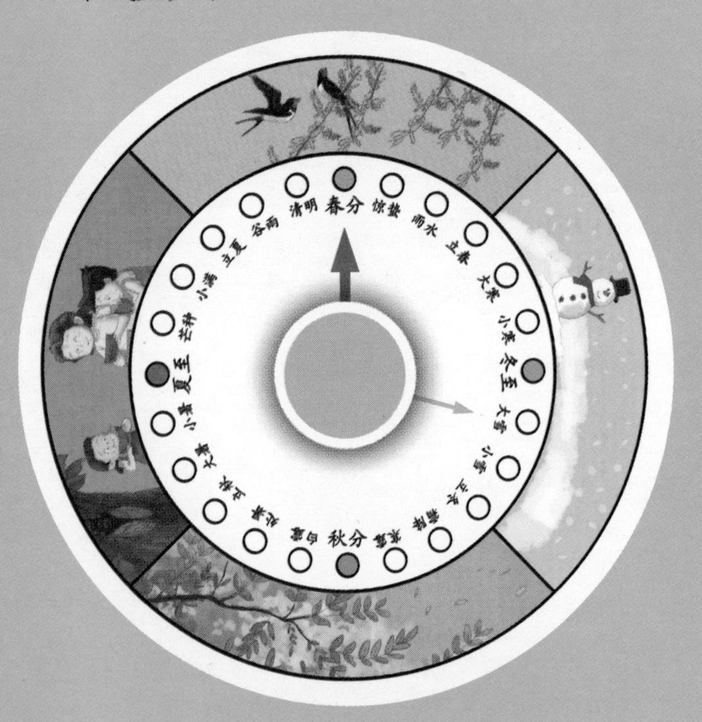

※ 记录 ※

请你记录下今年大雪的时间和气温。

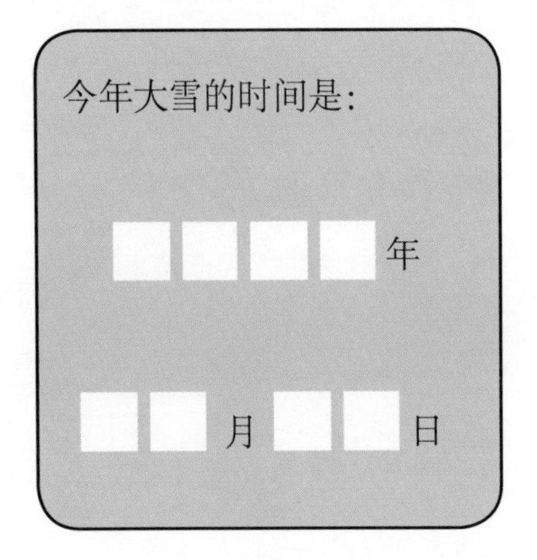

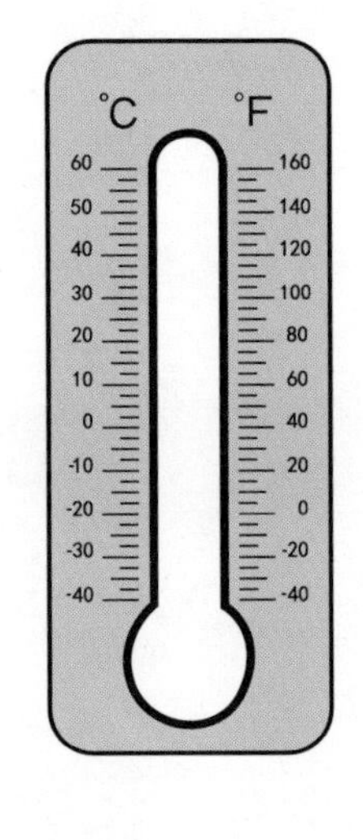

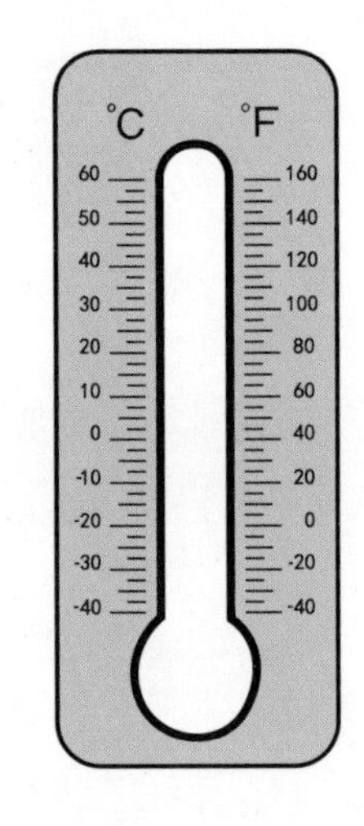

最高气温:_____℃　　最低气温:_____℃

※ 瑞雪兆丰年 ※

大雪时，强冷空气袭来容易形成较大范围降雪。降雪的益处很多，不仅可以把一些病菌和害虫冻死，还有保暖作用，积雪覆盖大地，使越冬农作物不会受到寒流的侵袭。另外，积雪融化时又会给农作物春季生长提供水份。

※ 谚语 ※

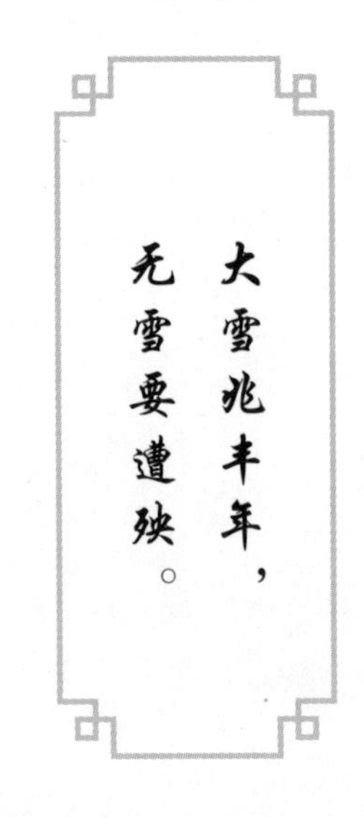

wài pó bǎ lú huǒ shēng de hěn wàng ràng tè tè hé fēi fēi wéi zhe lú huǒ qǔ nuǎn wàng zhe wài miàn de dà xuě wài pó zì yán zì yǔ de shuō
外婆把炉火生得很旺，让特特和菲菲围着炉火取暖。望着外面的大雪，外婆自言自语地说：

xià ba xià ba jīn nián mài gài sān céng bèi lái nián zhěn zhe mán tou shuì
“下吧，下吧，‘今年麦盖三层被，来年枕着馒头睡。’”

zhěn zhe mán tou shuì fēi fēi yí huò de wèn wèi shén me yào zhěn zhe mán tou shuì
“枕着馒头睡？”菲菲疑惑地问，“为什么要枕着馒头睡？”

hā hā hā wài pó shuō de shì yàn yǔ yì si shì xià le dà xuě míng nián mài zi jiù yào fēng shōu le tè tè jiě shì dào
“哈哈哈，外婆说的是谚语，意思是下了大雪，明年麦子就要丰收了。”特特解释道。

大雪三候

初候，鹖旦不鸣
二候，虎始交
三候，荔挺出

※ 鹖（hé）旦不鸣 ※

鹖旦，指寒号鸟。大雪节气天气寒冷，连寒号鸟都不鸣叫了。寒号鸟可不是鸟，它是哺乳动物，又名复齿鼯鼠。

※ 虎始交 ※

大雪前后，老虎开始求偶交配，繁殖幼崽。

※ 荔挺出 ※

荔，是一种兰草，又名马蔺。大雪时节，荔草不惧严寒，开始萌动抽出新芽。

xuě tíng le tè tè hé fēi fēi pǎo chū qù hé huǒ bàn men yī qǐ
雪停了，特特和菲菲跑出去和伙伴们一起
wán xuě hái zi men pàn wàng le hǎo jiǔ de dà xuě zhōng yú děng dào le tā
玩雪。孩子们盼望了好久的大雪终于等到了，他
men shí fēn xīng fèn sǎ le huānr de zài xuě dì li pǎo xuě cǎi zài jiǎo
们十分兴奋，撒了欢儿地在雪地里跑，雪踩在脚
xià fā chū gē zhī gē zhī de shēng yīn xuě dì shang liú xià le tā men yī
下发出“咯吱咯吱”的声音，雪地上留下了他们一
chuàn chuàn de jiǎo yìn pǎo lèi le tā men xiū xi yī huìr yòu duī qǐ le xuě
串串的脚印。跑累了，他们休息一会儿又堆起了雪
rén wán qǐ le xuě qiāo dǎ qǐ le xuě zhàng duō me kāi xīn ya
人，玩起了雪橇，打起了雪仗……多么开心呀！

※ 天气特点 ※

大雪时节，除华南和云南南部无冬外，我国大部分地区已进入冬季。北方地区开始出现大雪纷飞的天气，南方会出现冻雨，西北、东北以及长江流域大都会有雾凇出现。

※ 腌肉 ※

大雪节气一到，家家户户忙着腌制腊肉、腊肠、咸鱼等，挂在屋檐下晾晒干，以迎接新年。

※ 吃柑橘 ※

大雪节气前后，柑橘类水果大量上市，如南丰蜜橘、官西柚子、脐橙、雪橙等，适当吃一些可以消痰止咳。

冬至
小至
唐·杜甫
天时人事日相催，
冬至阳生春又来。
刺绣五纹添弱线，
吹葭六管动浮灰。
岸容待腊将舒柳，
山意冲寒欲放梅。
云物不殊乡国异，
教儿且覆掌中杯。
jīn tiān shì dōng zhì zǎo chen fēi fēi gēn zhe wài pó dào shū cài dà péng li gē jiǔ cài zhǔn
今天是冬至。早晨，菲菲跟着外婆到蔬菜大棚里割韭菜，准
bèi zhōng wǔ bāo jiǎo zi chī
备中午包饺子吃。
shū cài dà péng li zhēn nuǎn huo fēi fēi shuō
“蔬菜大棚里真暖和！”菲菲说。
shì ya zhè yàng cái néng zài dōng tiān chī shàng xīn xiān de shū cài wài pó shuō
“是呀！这样才能在冬天吃上新鲜的蔬菜！”外婆说。

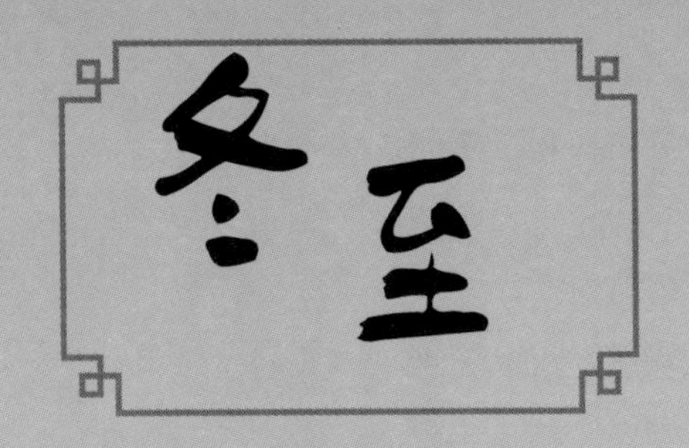

冬至，时间在 12 月 21 日～23 日左右。冬至是我国的一个重要节气，也是一个传统节日，古代民间有“冬至大如年”之说。冬至这天，是北半球一年里白天最短、黑夜最长的一天，此后白天一天比一天长，黑夜一天比一天短。

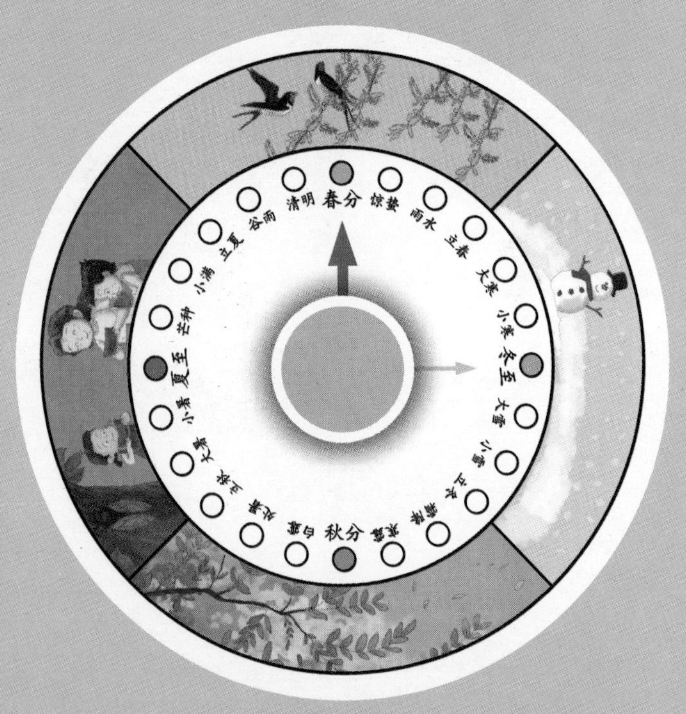

※ 记录 ※

请你记录下今年冬至的时间和气温。

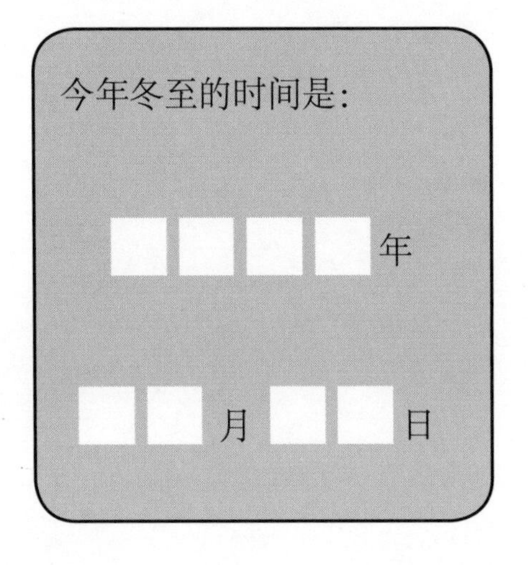

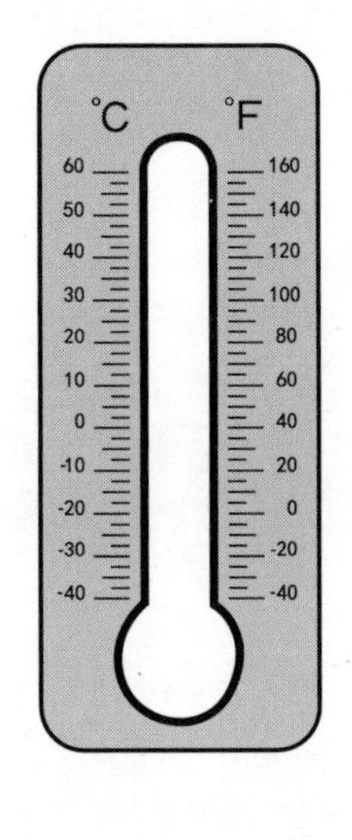

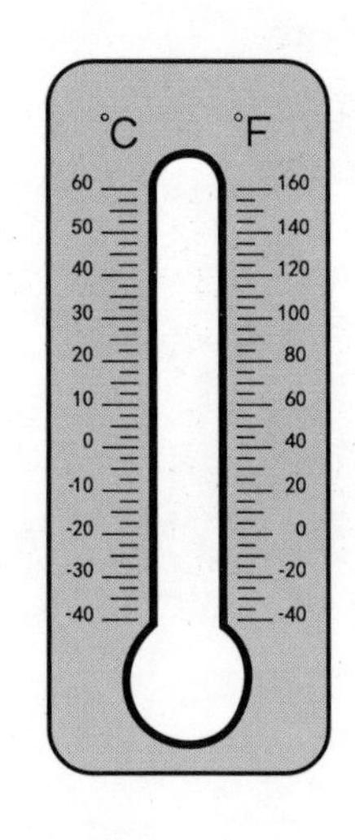

最高气温:____℃　最低气温:____℃

※ 数九 ※

数九又称冬九九，冬至这天是“数九”的第一天。关于“数九”，民间流传着这样的歌谣：“一九、二九不出手，三九、四九冰上走，五九、六九沿河看柳，七九河开，八九燕来，九九加一九耕牛遍地走。”

※ 谚语 ※

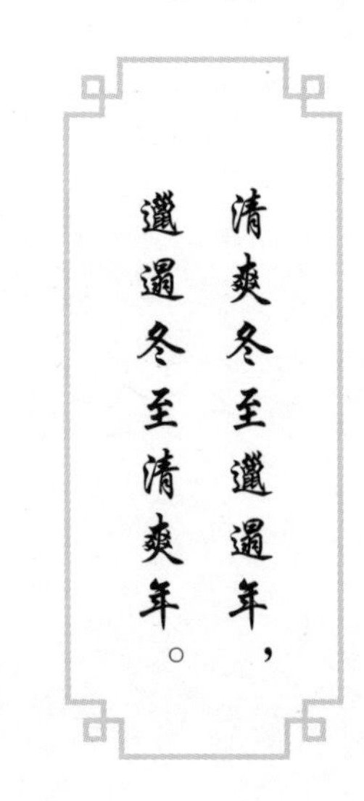

清爽冬至邋遢年，
邋遢冬至清爽年。

回到家，外婆和面，特特和菲菲一起择韭菜、洗韭菜，外公调制馅料。准备工作做好后，外婆教特特和菲菲包饺子。

“一会儿爸爸、妈妈下班就能吃到饺子喽！”特特举着手里刚刚包好的一个饺子说。

“我怎么包不上呢！”菲菲气馁地说。

外婆安慰菲菲：“别着急，外婆再教你一遍。”

冬至三候

初候，蚯蚓结

二候，麋角解

三候，水泉动

※ 蚯蚓结 ※

天气寒冷，蚯蚓在土里蜷缩起身子。

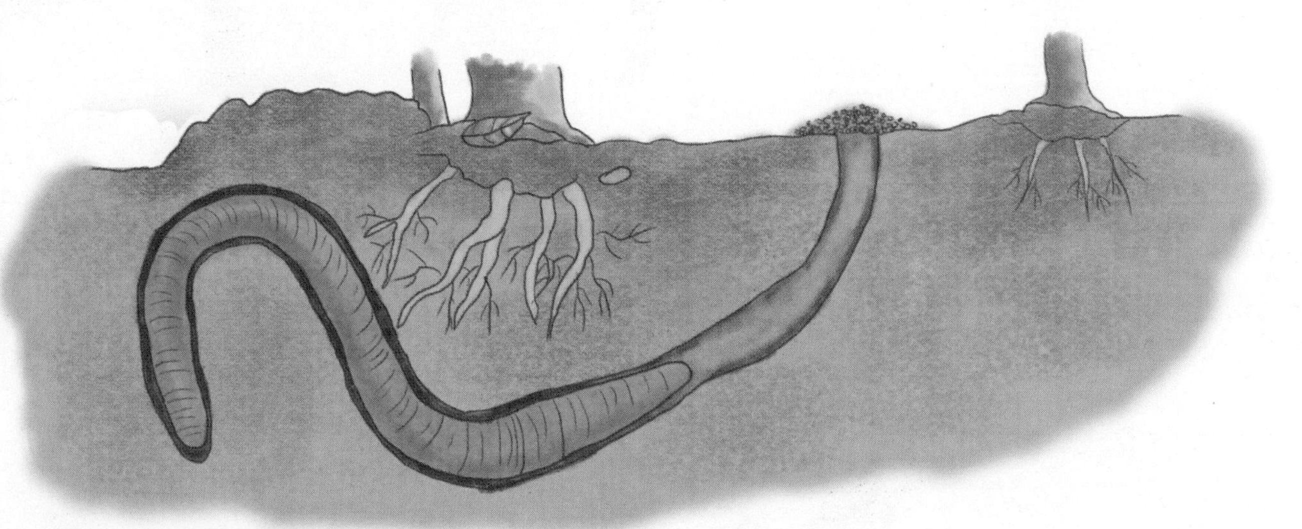

※ 水泉动 ※

地下的泉水开始涌动。

※ 麋角解 ※

麋，指的是麋鹿，也就是我们说的“四不像”，是世界珍稀动物。雄性麋鹿有角，在每年冬至前后会自然脱落一次。

chī guò fàn wàigōngjiǎng le yī gè guān yú dōng zhì de gù shi
吃过饭，外公讲了一个关于冬至的故事。

xiāng chuán dōng hàn shí qī zhàn luàn sì qǐ zhāng zhòng jǐng jué dìng cí
相传，东汉时期战乱四起，张仲景决定辞
guān huí xiāng wéi yī lù shang xià qǐ le dà xuě zhāng zhòng jǐng fā xiàn yán tú
官回乡为医。路上下起了大雪，张仲景发现沿途
de bǎi xìng ěr duo dōu dòng làn le tā lián máng hé dì zǐ zài jiē tóu dā le
的百姓耳朵都冻烂了。他连忙和弟子在街头搭了
gè yī péng bìng mǎi le yáng ròu hé qū hán de yào cái fàng zài dà guō li áo
个医棚，并买了羊肉和驱寒的药材放在大锅里熬
zhǔ zài bǎ yáng ròu huò yào cái lāo chū lái qiē suì yòng miàn pí bāo qǐ lái
煮，再把羊肉和药材捞出来切碎，用面皮包起来
niē chéng ěr duo xíng zhuàng de jiāo ěr rán hòu fàng rù guō zhōng zhǔ shú
捏成耳朵形状的“娇耳”，然后放入锅中煮熟，
zuò chéng qū hán jiāo ěr tāng fēn gěi bǎi xìng hē
做成“祛寒娇耳汤”分给百姓喝。

bǎi xìng hē le qū hán jiāo ěr tāng gǎn dào hún shēn nuǎn huo ěr
百姓喝了“祛寒娇耳汤”感到浑身暖和，耳
duo shang de dòng shāng màn màn hǎo le cǐ hòu měi nián dōng zhì zhè tiān rén
朵上的冻伤慢慢好了。此后，每年冬至这天，人
men jiù xué zhe jiāo ěr de yàng zi bāo chéng shí wù lái chī bìng gǎi míng
们就学着“娇耳”的样子包成食物来吃，并改名
wéi jiǎo zi yǐ jì niàn yī shèng zhāng zhòng jǐng
为“饺子”，以纪念“医圣”张仲景。

※ 吃饺子 ※

每年冬至这天，北方地区家家户户都要包饺子吃。有句谚语说：“十月一，冬至到，家家户户吃水饺。”传说，这种习俗是因纪念“医圣”张仲景冬至舍药而流传下来的。

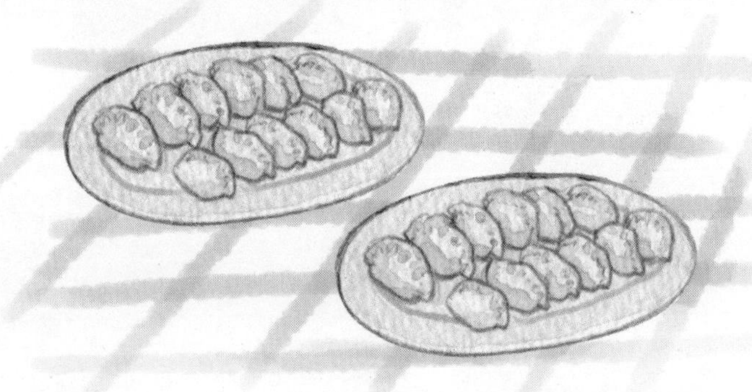

※ 红豆米饭 ※

在江南水乡，有冬至晚上全家聚在一起吃红豆米饭的习俗。相传，作恶多端的人死在冬至这一天，死后变成了疫鬼，以让人患病的恶毒做法继续残害百姓。但是这个疫鬼最怕红豆，于是，人们就在冬至这天煮红豆饭吃，用以驱避疫鬼，防灾祛病。

※ 吃汤圆 ※

广东潮汕地区有“冬至大如年”的说法，把冬至当作团圆节。冬至这天,一家人围坐在一起吃汤圆,其乐融融。人们吃完汤圆后,还要在门、窗、桌、橱、梯、床等显眼处粘两粒汤圆，以求保佑全家平安。

※ 吃狗肉、羊肉 ※

冬至吃狗肉的习俗据说是从汉朝开始的。相传，汉高祖刘邦在冬至这天尝了樊哙煮的狗肉，觉得味道特别鲜美，赞不绝口。从此，在民间就流传起了冬至吃狗肉的习俗。

中医认为羊肉、狗肉具有滋补身体的功效，而冬至过后天气会进入最冷的时期,所以,至今民间还有冬至吃狗肉、羊肉的习俗,以滋补身体抵御寒冷。

一阵阵花香随风吹来，菲菲顺着香味儿跑到后院，原来是一棵树开花了。她兴奋地大喊：“哥哥，你快来看，这棵树开花了！”

特特跑来一看，原来是蜡梅开了。

“这是蜡梅花！”特特说，“之所以叫‘蜡梅’，是因为它的花瓣又厚又滑，像涂了一层蜡一样。”

小寒

苦寒吟

唐·孟郊

天寒色青苍，
北风叫枯桑。
厚冰无裂文，
短日有冷光。
敲石不得火，
壮阴夺正阳。
苦调竟何言，
冻吟成此章。

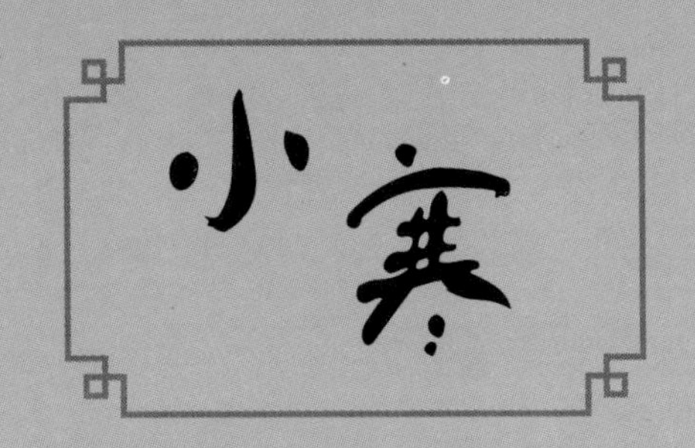

小寒，时间在 1 月 5 日～8 日之间。“小寒”虽然带着一个“小”字，可却比大寒还要寒冷，是一年中最寒冷的日子。当然根据年份不同，也有少数年份大寒的气温是低于小寒的。

※ 记录 ※

请你记录下今年小寒的时间和气温。

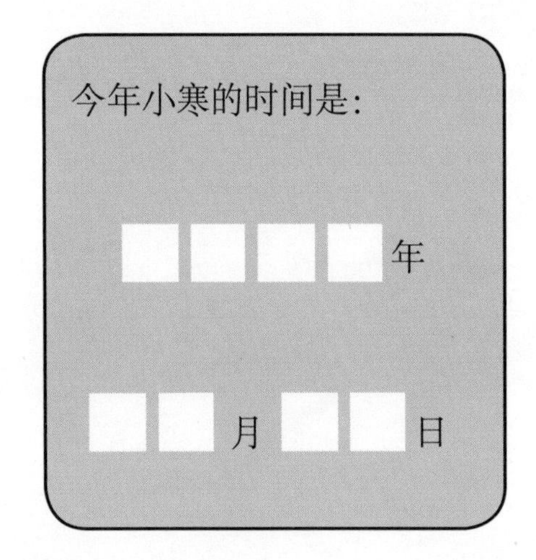

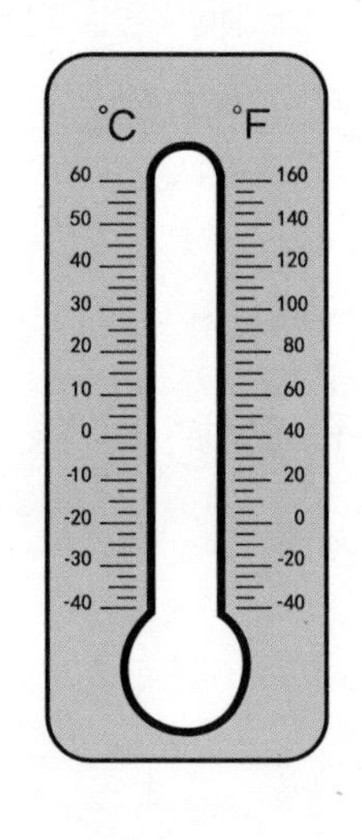

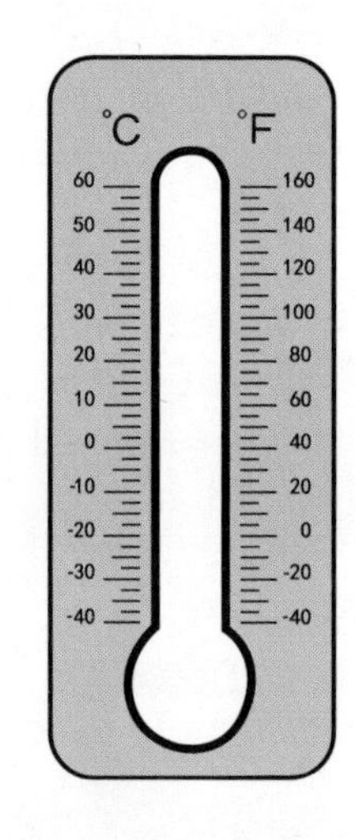

最高气温:_____℃　最低气温:_____℃

※ 三九天防冻 ※

小寒正处三九前后，俗话说：“冷在三九”。华北一带有“小寒大寒，滴水成冰”的说法。农民要为过冬的农作物做好防冻、防湿工作，下雪天还要及时清除果木上的积雪和冻雨，防止被压断。

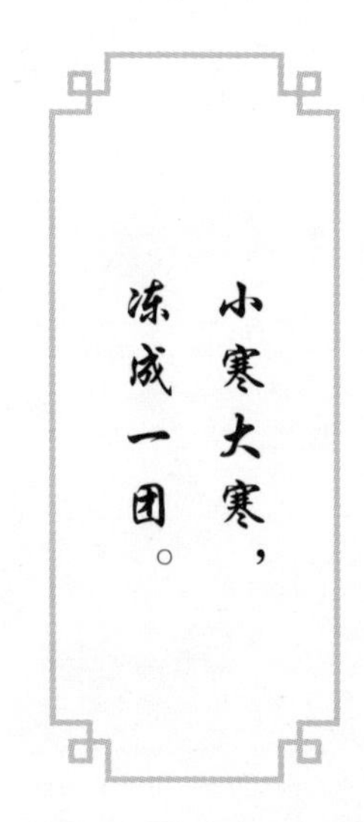

wài gōng duì tè tè shuō sú huà shuō dōng tiān dòng yi dòng shǎo nào yī
外公对特特说：“俗话说‘冬天动一动，少闹一
cháng bìng jīn tiān zán men qù dǎ yǔ máo qiú ba
场病。’今天咱们去打羽毛球吧！”

hǎo a hǎo a tè tè gāo xìng de shuō
“好啊！好啊！”特特高兴地说。

wǒ yě qù fēi fēi ná qǐ wài tào yě gēn zhe pǎo le chū lái
“我也去！”菲菲拿起外套也跟着跑了出来。

gāng dào yuàn zi li jué de hěn lěng kě wán le méi yī huìr tā men jiù
刚到院子里觉得很冷，可玩了没一会儿，他们就
gǎn dào shēn shang nuǎn hū hū de la
感到身上暖呼呼的啦！

小寒三候

初候，雁北乡

二候，鹊始巢

三候，雉始鸲

※ 雁北乡 ※

大雁开始从南方向北方的家乡迁移。

※ 鹊始巢 ※

小寒时，北方到处可见到喜鹊，它们开始筑巢，为明年春天的繁殖作准备。

※ 雉始雊（gòu）※

雊，指雄性的野鸡鸣叫声。到了小寒节气，可以听到野鸡的叫声。

jīn tiān shì là bā jié dà jiā yī biān hē là bā zhōu yī biān tīng
今天是腊八节，大家一边喝腊八粥，一边听
wài gōng jiǎng gù shi
外公讲故事。

cóng qián yǒu zhè me yī jiā rén bà ba hé mā ma fēi cháng qín
从前，有这么一家人，爸爸和妈妈非常勤
láo zǎn xià le yī dà bǐ jiā yè kě tā men jiā de ér zi hé ér xí
劳，攒下了一大笔家业。可他们家的儿子和儿媳
què shí fēn lǎn duò cóng bù xià dì gàn huó guò le jǐ nián lǎo liǎng kǒu
却十分懒惰，从不下地干活。过了几年，老两口
yīn bìng xiàng jì qù shì tā men de ér zi hé ér xí hái shi méi yǒu gǎi diào
因病相继去世，他们的儿子和儿媳还是没有改掉
lǎn duò de huài máo bing méi duō jiǔ tā liǎ jiù bǎ liáng shi chī guāng le
懒惰的坏毛病。没多久，他俩就把粮食吃光了。
là yuè chū bā zhè tiān tā liǎ yòu lěng yòu è zài gāng dǐ hé dì fèng li
腊月初八这天，他俩又冷又饿，在缸底和地缝里
zhǎo dào le jǐ lì mǐ jǐ kē huā shēng hé jǐ kē dòu zi tā liǎ bǎ zhǎo
找到了几粒米、几颗花生和几颗豆子。他俩把找
dào de zá liáng fàng zài guō li áo le liǎng wǎn xī zhōu cóng cǐ tā liǎ xià
到的杂粮放在锅里熬了两碗稀粥。从此，他俩下
dìng jué xīn gǎi diào lǎn duò de huài máo bing rì zi yī tiān tiān de hǎo le qǐ
定决心改掉懒惰的坏毛病，日子一天天地好了起
lái rén men wèi le jǐng shì hòu rén bù yào lǎn duò měi féng là yuè chū bā
来。人们为了警示后人不要懒惰，每逢腊月初八
zhè tiān jiù zuò là bā zhōu hē
这天就做“腊八粥”喝。

※ 滋补御寒 ※

在小寒这样严寒的天气里，日常饮食中应多食用一些温热的食物，如羊肉汤、炖牛肉、栗子、核桃等，以滋补身体、防御寒冷气候对人体的侵袭。

※ 腊八蒜 ※

北方民间还有在腊八节泡制腊八蒜的习俗。腊八蒜就是用醋泡的蒜：把剥了皮的蒜瓣放到一个坛子里，倒入米醋，然后封上口，放到一个冷一点的地方。当蒜瓣变成绿色的时候就可以食用了。

※ 腊八节 ※

农历十二月初八是腊八节，俗称“腊八”。在很多地区有腊八节这天喝腊八粥的习俗，把红枣、栗子、大米、小米、花生、红豆、芝麻、核桃等放在砂锅里熬煮成腊八粥，在寒冷的天气喝上一碗舒服极了。

快过年了，整个村子里到处都洋溢着喜庆的气氛。虽然又下了一场大雪，仍然挡不住人们对新年的期盼，杀猪、宰羊、发面、打糕……好不热闹。

大寒

大寒吟

宋·邵雍

旧雪未及消，
新雪又拥户。
阶前冻银床，
檐头冰钟乳。
清日无光辉，
烈风正号怒。
人口各有舌，
言语不能吐。

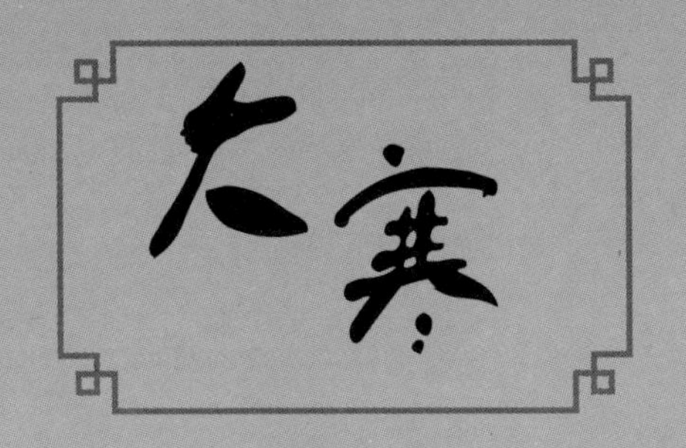

大寒，时间在1月19日～21日左右，是全年二十四节气中的最后一个节气。同小寒一样，大寒也是表示天气寒冷程度的节气。大寒过后就到立春了，新的一年又要开始，新的节气轮回也将开始。

※ 记录 ※

请你记录下今年大寒的时间和气温。

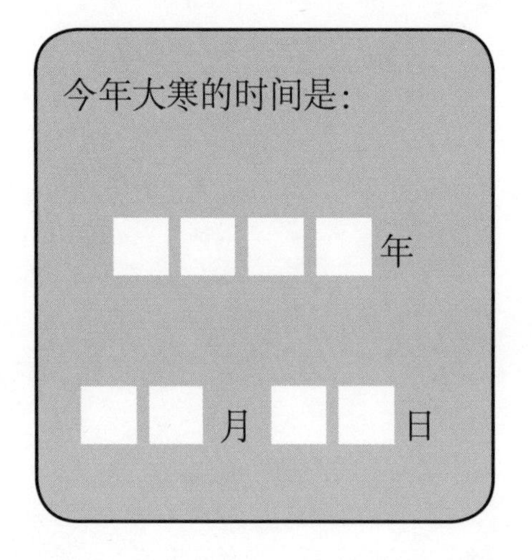

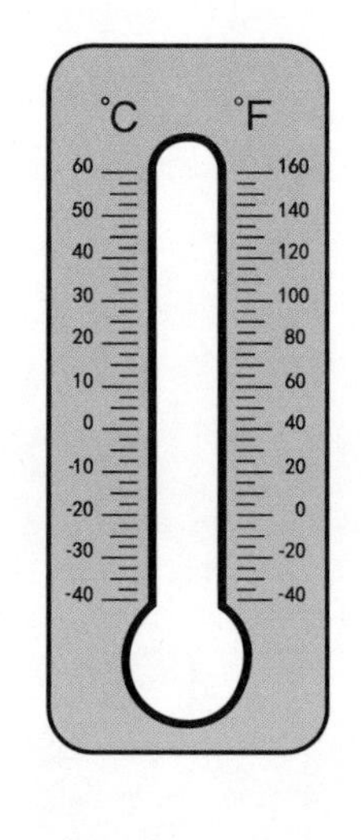

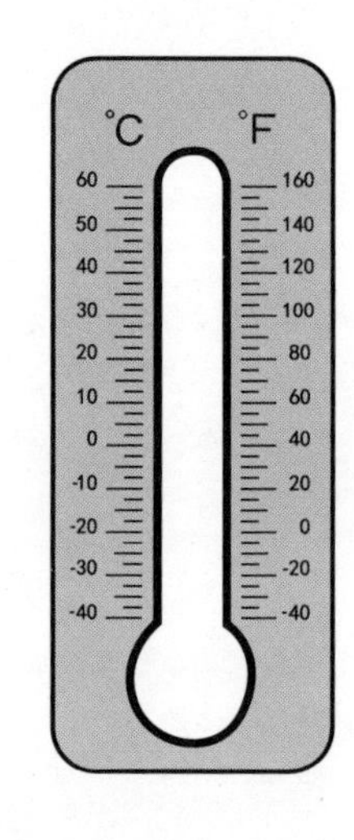

最高气温：____°C　最低气温：____°C

※ 寒潮不减 ※

小寒之后就是大寒，也是全年二十四节气中的最后一个节气。此时天气虽然寒冷，但因为已近春天，所以，不会像大雪到小寒期间那样酷寒。但寒潮仍旧会频频袭来，时常会有大范围的雨雪天气，呈现出冰天雪地、天寒地冻的寒冬景象。

※ 谚语 ※

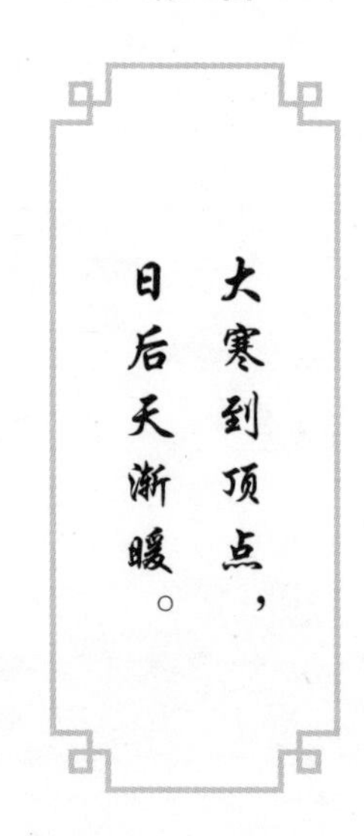

wài pó zài jiǎn chuāng huā tè tè jiào fēi fēi zuò qǐ le xiǎo bīng dēng
外婆在剪窗花，特特教菲菲做起了小冰灯。

tè tè ná le liǎng gè xiǎo bēi zi gěi le fēi fēi yī gè rán hòu tā hé fēi fēi fēn bié yòng cǎi zhǐ jiǎn le yī gè piào liang de xiǎo chuāng huā fàng dào lǐ miàn zài gěi bēi zi li dào mǎn shuǐ bìng fàng shàng yī duàn xiàn shéng zuì hòu bǎ zhè liǎng gè bēi zi fàng dào chuāng wài
特特拿了两个小杯子，给了菲菲一个，然后他和菲菲分别用彩纸剪了一个漂亮的小窗花放到里面，再给杯子里倒满水，并放上一段线绳，最后，把这两个杯子放到窗外。

jǐ gè xiǎo shí guò hòu bīng dēng dòng hǎo le tā men bǎ dòng hǎo de bīng dēng cóng bēi zi li dào chū lái guà dào chuāng qián zhēn piào liang ya
几个小时过后，冰灯冻好了。他们把冻好的冰灯从杯子里倒出来挂到窗前。真漂亮呀！

大寒三候

初候，鸡始乳

二候，征鸟厉疾

三候，水泽腹坚

※ 鸡始乳 ※

到了大寒节气，歇冬的母鸡就开始产蛋，可以孵小鸡了。

※ 征鸟厉疾 ※

征鸟，指的是远飞的鸟，如鹰、隼等猛禽。此时，鹰、隼等凌空盘旋，捕起食来更加凶猛，以此补充身体所需的能量。

※ 水泽腹坚 ※

大寒时，小河、池塘里的水冻得更深了，连中间的水都会结起坚硬的冰层。

jīn tiān tè tè hé fēi fēi gēn zhe wài pó lái dào jí shì shang mǎi nián huò xiāng duì píng shí jīn tiān de jí shì rè nao le xǔ duō mài nián
今天，特特和菲菲跟着外婆来到集市上买年货。相对平时，今天的集市热闹了许多，卖年
huò de xiǎo shāng fàn yī biān yāo he yī biān zhāo hu zhe dà jiā mǎi tā de dōng xi
货的小商贩一边吆喝，一边招呼着大家买他的东西。

fēi fēi xuǎn le yī duǒ piào liang de tóu huā tè tè zé mǎi le yī bǎ yān huā wài pó tiāo le jǐ zhāng piào liang de nián huà hái xū yào mǎi shén
菲菲选了一朵漂亮的头花，特特则买了一把烟花，外婆挑了几张漂亮的年画。还需要买什
me ne cǎi dēng guā zǐ huā shēng ròu cài xū yào bàn de nián huò tài duō le biān guàng biān mǎi ba
么呢？彩灯、瓜子、花生、肉、菜……需要办的年货太多了，边逛边买吧！

※ 灶王节 ※

腊月二十三是传统的节日——小年，也叫灶王节。传说，这天灶王爷都要上天向玉帝禀报每家每户的善恶，让玉帝赏罚。因此，送灶时人们会在灶王爷的画像前供放糖瓜、水果、糕点等进行拜祭。而且还要把糖瓜用火融化，涂在灶王爷的嘴上，意思是用糖粘住灶王爷的嘴巴，让灶王爷的嘴巴变甜，上天后多说好话。

※ 迎新年 ※

大寒节气，时常与岁末时间相重合，人们开始忙着除旧布新，准备年货，腌制各种腊肠、腊肉，或煎炸烹制鸡、鸭、鱼、肉等各种年肴，陆续为春节作准备。

※ 游戏乐园 ※

请你猜猜上面一排物体从哪里来？从下面一排物体中找出来，并用线连起来吧。

饺子

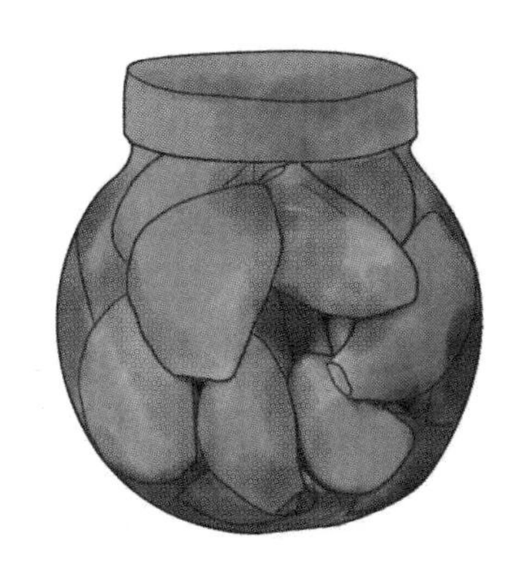

腊八蒜

羊肉汤

冰灯

蒜、醋

窗花、水、线绳、玻璃杯

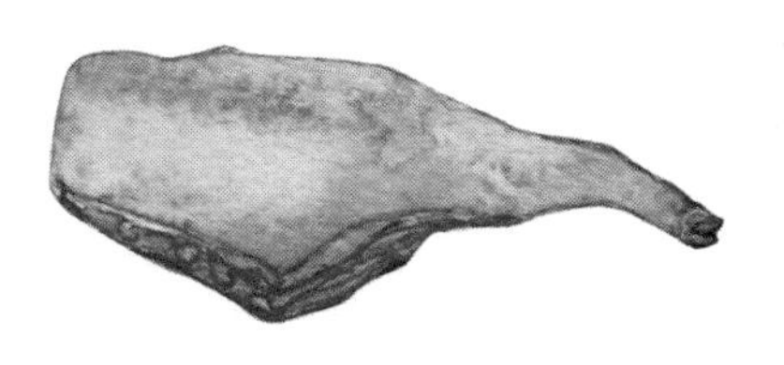

羊肉

肉馅、饺子皮

※ 游戏乐园 ※

请你按照冬季六个节气的顺序，给下面几张图标上序号吧。

◯小雪　　◯冬至　　◯小寒

◯立冬　　◯大雪　　◯大寒